Ernst Probst

Das Altacheuléen

Eine Kulturstufe der Altsteinzeit
vor etwa 600.000 bis 350.000 Jahren

Widmung
Den Prähistorikern und Prähistorikerinnen gewidmet,
die mich bei meinen Büchern über die Steinzeit unterstützt haben

Impressum:
Das Altacheuléen
1. Auflage als Print-Buch: Juni 2019
Autor: Ernst Probst
Im See 11, 55246 Mainz-Kostheim
Telefon: 06134/21152
E-Mail: ernst.probst (at) gmx.de
Herstellung: Amazon Distribution GmbH, Leipzig
Alle Rechte vorbehalten
ISBN: 978-1-076-34179-2

Steinschläger in der älteren Altsteinzeit vor etwa 400.000 Jahren.
Zeichnung: Fritz Wendler (1941–1995)
für das Buch „Deutschland in der Steinzeit „1991"
von Ernst Probst

Mit einem Wurfspeer bewaffneter Frähmensch.
Zeichnung: Fritz Wendler (1941–1995)
für das Buch „Deutschland in der Steinzeit „1991 "
von Ernst Probst

Vorwort

Faszinierende Einblicke in das Leben der Jäger und Sammler vor etwa 400.000 Jahren ermöglicht der Fundplatz Bilzingsleben im Wippertal in Thüringen. Dort stieß der Prähistoriker Dietrich Mania auf die bisher bedeutendsten Siedlungsspuren aus dem Altacheuléen in Deutschland. Ovale und kreisförmige Grundrisse mit drei bis vier Meter Durchmesser aus angehäuften großen Knochen und Steinen belegen Hütten. Holzkohle, brandrissige Gerölle und Steinplatten stammen von Feuerstellen, die teilweise vor den Behausungen lagen. Es sind die ältesten Feuerspuren in Deutschland. Zum Fundgut gehören Schädelreste und Zähne von mindestens drei Frühmenschen. Auf einem Ritualplatz hat man offenbar die Schädel verstorbener Angehöriger zertrümmert und deren Gehirn bei einem rituellen Mahl verzehrt. Schnitt- und Ritzspuren auf einem Hinterhauptsbein von Bilzingsleben könnten von Manipulationen nach dem Tod herrühren. Umstritten sind Ritzlinien auf Tierknochen. Nachzulesen ist dies in dem Taschenbuch „Das Altacheuléen" des Wiesbadener Wissenschaftsautors Ernst Probst, das sich mit einer vor etwa 600.000 bis 350.000 Jahren existierenden Kulturstufe der Altsteinzeit befasst. Aus dieser Zeit stammen auch acht Wurfspeere, die bei Ausgrabungen im Braunkohlen-Tagebau Schöningen (Kreis Helmstedt) in Niedersachsen gefunden wurden. Die mehr als 300.000 Jahre alten Schöninger Speere gelten als die ältesten vollständig erhaltenen Jagdwaffen der Welt.

Prähistoriker Hugo Obermaier (1877–1946).
Foto: Aufnahme von 1924

Das Altacheuléen

D as Altacheuléen vor etwa 600.000 bis 350.000 Jahren ist der älteste Abschnitt des nach einem französischen Fundort benannten Acheuléen. Aus dieser Kulturstufe kennt man in Deutschland einige Schädelreste von Frühmenschen, Siedlungsspuren, Jagdbeutereste und Steinwerkzeuge. Der Begriff Altacheuléen wurde 1924 von dem damals in Spanien tätigen Prähistoriker Hugo Obermaier (1877–1946) vorgeschlagen. Der größte Teil des Altacheuléen fiel in die Warmzeit Cromer III vor weniger als 600.000 Jahren, eine darauffolgende Kaltzeit und in die Warmzeit Cromer IV vor etwa 500.000 Jahren. Es gab weiterhin stattliche Riesenlöwen, riesige Elefanten, massige Nashörner und große Herden von Wildpferden. In den Warmzeiten konnten sich wärmeorientierte Europäische Waldelefanten *(Paleoloxondon antiquus)* behaupten, die in den Kaltzeiten von den ein kühleres Klima vertragenden Steppenmammuten *(Mammuthus trogontherii)* abgelöst wurden. Bullen der Europäischen Waldelefanten erreichten eine Höhe bis zu 4,20 Metern In Süddeutschland rechnet man die Zeit vor mehr als 500.000 Jahren der Günz-Eiszeit zu. Die Günz-Eiszeit wurde 1909 von dem Berliner Geographen Albrecht Penck (1858–1945) und dem damals in Wien wirkenden deutschen Geographen Eduard Brückner (1862–1927) beschrieben. Sie wurde nach Funden im Iller-Lech-Gebiet – und hier vor allem im Bereich des Flusses Günz – definiert. Im Günz erreichten die Gletscher des Salzachgebietes und des österreichischen Traungletschergebietes ihre größte Ausdehnung.
Nach der Günz-Eiszeit gab es im Alpenvorland die Haslach-Eiszeit. Der Begriff Haslach-Eiszeit wurde 1981 von den

Lebensbilder von Fellnashorn (oben) und Moschusochse (unten).
Bilder: Gemälde von Heinrich Harder (1858–1935)

Geologen Albert Schreiner aus Freiburg und Rudolf Ebel aus Arnach vorgeschlagen. Ihr Name erinnert an Gletscherablagerungen im Gebiet von Haslach bei Leutkirch in Oberschwaben.

Vor etwa 400.000 Jahren folgte in Norddeutschland die nach einem Nebenfluss der Saale benannte Elster-Eiszeit. Der Name Elster-Eiszeit wurde 1909 von dem Berliner Geologen Konrad Keilhack (1858–1944) geprägt. Während dieser Eiszeit drangen erstmals skandinavische Gletscher nach Süden bis Sachsen (Dresden), Thüringen (Erfurt) und Nordrhein-Westfalen (Soest, Recklinghausen) vor. Der Gletschervorstoß verwandelte weite Gebiete in Eiswüsten, in denen kein Leben möglich war. Die Klimaverschlechterung der Elster-Eiszeit hatte auch im Vorfeld des Eises spürbare Folgen. Statt der Wälder mit klimatisch anspruchsvollen Bäumen machten sich allmählich Tundren und Steppen breit. Im Laufe der Elster-Eiszeit wanderten extreme Kälte vertragende nordostsibirische Tierarten – wie Fellnashörner mit einer Kopf-Rumpf-Länge bis zu 3,60 Meter, Moschusochsen und Rentiere – in die nicht vergletscherten Gebiete Deutschlands ein. Sie lebten zunächst noch mit den wärmeorientierten Europäischen Waldelefanten und Waldnashörnern zusammen, doch auf Dauer konnten sich die letzteren nicht behaupten. Statt der Europäischen Waldelefanten weideten in den Grassteppen nun bis zu 4,70 Meter hohe Steppenmammute, die als Vorläufer der späteren Mammute gelten.

Tierreste aus der frühen Elster-Eiszeit kennt man aus Süßenborn bei Weimar in Thüringen. Die forschungsgeschichtlich ältesten Funde liegen in der geologisch-paläontologischen Sammlung Goethes und werden im „Goethe-Nationalmuseum Weimar" aufbewahrt. Der Hauptteil des Materials befindet sich dagegen im „Institut für Quartärpaläontologie Weimar". In

Löwe aus dem Eiszeitalter.
Zeichnung: Shuhei Tamura,
Kanagawa, Japan

Süßenborn wurden Reste von Wildrind, Hirsch, Wildschwein, Wildpferd, Nashorn, Elefant, Bär, Marder, Wolf, der Hyäne und vom Löwen geborgen. Als sich das Klima erwärmte, schmolzen die Gletscher in Nord- und Nordostdeutschland. In das Nordseebecken flossen eiskalte Schmelzwässer, die fast kein Leben zuließen. Die kälteorientierten Steppenmammute, Fellnashörner, Moschusochsen und Rentiere zogen der innerhalb von Jahrtausenden nach Nordosten zurückweichenden Gletscherfront nach, dafür kehrten wärmeorientierte Tiere aus Südosteuropa zurück.

Etwa zur gleichen Zeit wie die Elster-Eiszeit in Norddeutschland herrschte vermutlich die nach einem rechten Nebenfluss der Donau bezeichnete Mindel-Eiszeit in Süddeutschland. Der Ausdruck Mindel-Eiszeit wurde 1909 von Albrecht Penck und Eduard Brückner vorgeschlagen. Während dieser Eiszeit stießen der Rheingletscher, Illergletscher, Lechgletscher, Isar-Loisach-Gletscher und Inn-Chiemsee-Gletscher weit in das Alpenvorland vor. Das Eis reichte bis Biberach an der Riß, Ottobeuren, Mindelheim, Fürstenfeldbruck, Erding, Mühldorf am Inn und Burghausen an der Salzach. Im Vorfeld der süddeutschen Gletscher entsprachen die Verhältnisse in der Pflanzen- und Tierwelt denjenigen in Norddeutschland.

Die bisher älteste Siedlung von Frühmenschen aus der Zeit des Altacheuléen wurde in Kärlich (Kreis Mayen-Koblenz) in Rheinland-Pfalz entdeckt. Sie bestand – nach der Datierung vulkanischer Ablagerungen unter der Fundschicht – vor etwa 440.000 Jahren. Bis 1988 hatte der Kölner Prähistoriker Gerhard Bosinski diese Siedlungsreste noch für schätzungsweise 250.000 Jahre alt gehalten. Die Kärlicher Siedlung hatte einst inmitten eines nicht mehr aktiven Vulkans gelegen. Sie befand sich am Ufer eines kleinen Gewässers, das später austrocknete. In den ehemals feuchten Uferablagerungen barg man neben Resten von Wasserpflanzen auch viele Holzbruchstücke, die vielleicht Teile einer größeren Behausung waren.

Gefunden wurden in Kärlich auch große Schaber, Spaltkeile und Faustkeile. Als Rohmaterial hierfür dienten Quarz und Quarzit, wie sie in Schottern des nahen Rheins reichlich vorkommen. Alle größeren Steine innerhalb der Siedlungsfläche wurden vermutlich von Frühmenschen auf den Platz getragen. Ein 15 Kilogramm schweres Quarzitgeröll verwendete man – nach den Abnutzungsspuren zu schließen – als Amboss. Der Werkzeugcharakter der Kärlicher Funde ist oft unklar, weil auch viele bei Vulkanausbrüchen zerschlagene Steine vorhanden sind.

Die Entdeckung der Kärlicher Siedlung ist dem Sammler Konrad Würges aus Kärlich zu verdanken. Er hatte im Spätsommer 1980 bei der Besichtigung neuerschlossener Schichten in einer Tongrube im Baggerschutt einen Faustkeil aus Quarzit gefunden und dies dem Kölner Prähistoriker Bosinski mitgeteilt, der dann seit 1982 in Kärlich Ausgrabungen durchführte.

Die Frühmenschen von Kärlich brachten – wie zerschlagene Knochen aus der Siedlungsschicht zeigen – Wildpferde, Wildrinder und Wildschweine zur Strecke. Ob man auch den rund zwei Meter langen Stoßzahnrest eines Europäischen Waldelefanten als Jagdbeute betrachten kann, ist ungewiss. Unzählige Haselnussschalen deuten darauf hin, dass die Bewohner dieser Siedlung nicht nur Jäger, sondern auch Sammler gewesen sind.

Zu den ältesten Steinwerkzeugen aus dem Altacheuléen in Deutschland gehören die im Oktober 1952 von dem ehemaligen Gießener Museumsdirektor Herbert Krüger (1902–1996) in Münzenberg (Hessen) gefundene Geräte. Sie werden auf mindestens 500.000 Jahre datiert. Neben primitiven Hackgeräten (Chopper) barg er auch besser zugeschlagene

Stücke mit längeren Schneiden (Cleaver) und Übergangs-
formen zu einfacher Faustkeilen (Protofaustkeile). Kurz darauf – im November 1952 – las der Sammler Otto Bommers-
heim aus Bettenhausen auf einem Acker von Treis-Mün-
zenberg ein vielleicht ähnlich altes Geröllgerät (Pebble-tool)
auf. Der Mainzer Museumsdirektor und Zoologe Otto Schmidtgen,
der in den 1930er Jahren in den Mosbach-Sanden von
Amöneburg umstrittene Knochenwerkzeuge fand, war nicht
der Einzige, der nach Hinterlassenschaften von Frühmenschen
in Wiesbaden intensiv Ausschau hielt. Zwischen 1949 und 1954
überließ der Wiesbadener Privatsammler Otto R. Schweitzer
der „Sammlung Nassauischer Altertümer" Hunderte von
vermeintlichen Artefakten aus der Altsteinzeit, die er in der
Umgebung seines Wohnortes geborgen hatte. Er suchte und
sammelte vor allem in der Dyckerhoff-Grube „Am Hambusch",
in der Ziegelei Hessemer an der Frankfurter Straße, am
quarzreichen Hainerberg, in den Walddistrikten „Himmelsöhr"
und „Rabengrund" sowie in Baugruben. Die von ihm für
Werkzeuge gehaltenen Funde bestehen aus einheimischen
Steinarten, vor allem aus Quarzit. Auffällig ist der hohe Anteil
an Typen, die wie Faustkeile wirken.
Der Prähistoriker Karl Josef Narr (1921–2009) aus Münster/
Westfalen verglich 1954 die Funde von Schweitzer nach einer
ersten Untersuchung mit Typen aus den Kulturstufen Acheu-
léen und Moustérien. Die Diskussion über diese umstrittenen
Artefakte wurde 1969 durch den Wiesbadener Archäologen
Heinz-Eberhard Mandera (1922–1995) bei der 13. Tagung der
„Hugo-Obermaier-Gesellschaft" in Bad Kreuznach neu
entfacht. Am Ende waren die Zweifler an der Echtheit der
Artefakte in der Überzahl. Doch im Tagungsbericht hieß es,
dieser Fundkomplex könne nicht einfach als Fälschung abgetan

Der Archäologe und Ausgräber Hartmut Thieme (links)
vor dem „Speer VI" von Schöningen in Fundlage.
Foto: Peter Pfarr, Niedersächsisches Landesamt
für Denkmalpflege / CC-BY-SA3.0DE
(via Wikimedia Commons),
lizensiert unter Creative-Commons-Lizenz by-sa-3.0-de,
https://creativecommons.org/licenses/by-sa/3.0/de/legalcode

werden. Letzte Klarheit könnten nur Grabungen an den von Schweitzer bevorzugten Fundplätzen bringen. Man muss es mit aller Deutlichkeit sagen: Selbst wenn alle von dem Wiesbadener Sammler Otto R. Schweitzer für Artefakte gehaltenen Funde nur fehlgedeutete Naturprodukte sein sollten, so war sein Einsatz im Dienste der Archäologie doch lobenswert! Bei den seit 1952 durch den Ahrensburger Prähistoriker Alfred Rust auf der Nordseeinsel Sylt zusammengetragenen Funden handelt es sich um keine von Menschenhand bearbeitete Quarzitsteine, sondern um Naturprodukte. Trotzdem darf man davon ausgehen, dass Norddeutschland während der Warmzeiten Cromer III und IV von Frühmenschen besiedelt war. Allerdings kann man Hinterlassenschaften aus diesen Abschnitten in dem später von Gletschervorstößen betroffenen Gebiet nicht mehr nachweisen. Denn dort wurde die alte Landoberfläche durch das Gletschereis abgetragen oder durch mächtige Gletscherablagerungen bedeckt. Dies gilt auch für die von Gletschervorstößen heimgesuchten Teile Nordrhein-Westfalens und Süddeutschlands.

Frühmenschen der Art *Homo erectus* machten sich auch selbst das Leben schwer. Dies beweist der älteste durch einen archäologischen Fund belegte Mord vor etwa 430.000 Jahren in der spanischen Sierra de Atapuerca. In der „Knochengrube" („Sima de los Huesos") lag unter mehr als 1.000 menschlichen Schädelfragmenten ein Schädel („Cranium 17") mit zwei nahezu rechteckigen Löchern im Stirnbein. Diese Frakturen stammen von tödlichen Hieben. Nachzulesen ist dies im Begleitheft zur Sonderausstellung „Krieg. Eine archäologische Spurensuche") vom 6. November 2015 bis 22. Mai 2016 im „Landesmuseum für Vorgeschichte Halle".

Spätestens vor etwa 400.000 Jahren brachten Jägertrupps von *Homo erectus*-Frühmenschen mit Holzlanzen bereits große

Museum „paläon" nahe des Speere-Fundortes in Schöningen.
Foto: Michael Schauch / CC-BY-SA3.0 (via Wikimedia Commons),
lizensiert unter Creative-Commons-Lizenz by-sa-3.0-de,
https://creativecommons.org/licenses/by-sa/3.0/legalcode

Säbelzahnkatze
(Homotherium latidens).
Zeichnung: Shuhei Tamura,
Kanagawa, Japan

Europäische Waldelefanten zur Strecke. Sie erlegten auch Nashörner, Wildpferde, Wildschweine, Biber, seltener Löwen und Bären. Acht Wurfspeere, die zwischen 1994 und 1998 bei Ausgrabungen im Braunkohlen-Tagebau Schöningen (Kreis Helmstedt) in Niedersachsen unter Leitung des Archäologen Hartmut Thieme gefunden wurden, sollen zwischen 337.000 und 300.000 Jahren alt sein. Dies ergab 2015 eine Thermolumineszenz-Datierung durch Daniel Richter und Matthias Krbetschek. Zunächst hieß es, diese Speere seien rund 400.000 Jahre alt. Später ergab eine andere Datierung ein Alter von etwa 270.000 Jahren. Die Schöninger Speere gelten als die ältesten vollständig erhaltenen Jagdwaffen der Welt. Sie werden im Museum „paläon" nahe des Fundortes in Schöningen aufbewahrt. Im „Speerhorizont Süd" am Fundort Schöningen barg man fünf Zähne sowie Fragmente von Rippe, Schulterblatt und Oberarmknochen zweier Säbelzahnkatzen *(Homotherium latidens)*. Spuren menschlicher Anwesenheit in der auf den Cromer Komplex seit etwa 400.000 Jahren folgenden norddeutschen Elster-Eiszeit bzw. der damit zeitgleichen Mindel-Eiszeit sind bisher in Deutschland sehr selten. Offenbar fanden die Frühmenschen infolge der Klimaverschlechterung selbst in den eisfreien Gebieten keine günstigen Lebensbedingungen mehr vor Zu den spärlichen Funden aus der drittletzten Eiszeit gehören drei Quarzitwerkzeuge aus der Fundschicht D 1 von Mönchengladbach-Rheindahlen, die 1977 von dem Prähistoriker Hartmut Thieme aus Hannover entdeckt wurden. In dieselbe Eiszeit wird auch ein ortsfremdes Gangquarzitstück aus der Fundschicht D von Mönchengladbach-Rheindahlen eingeordnet Dieses fast 30 Zentimeter lange, etwa acht Zentimeter Durchmesser erreichende und 2,5 Kilogramm schwere Gestein kann nur durch einen Frühmenschen herbeigeschafft worden sein.

Der damalige ehrenamtliche Leiter des Städtischen Museums von Mönchengladbach und Lehrer an der Städtischen Realschule, Heinrich Brockmeier (1857–1941), sowie der Essener Geologe und Museumsdirektor Ernst Kahrs (1876–1948) haben die ersten Funde in der Ziegeleigrube Dreesen entdeckt. Im September 1949 nahm der Doktorand Karl Josef Narr aus Bonn eine erste Untersuchung vor. In den folgenden Jahren sammelte der Grubenbesitzer Karl Dreesen (1922–1980) aus Mönchengladbach-Rheindahlen zahlreiche Artefakte. Ab Oktober 1964 grub das „Institut für Ur- und Frühgeschichte Köln" in Mönchengladbach-Rheindahlen.

Gegen Ende des Altacheuléen sind manche Gebiete Deutschlands offenbar wieder stärker besiedelt worden. Aus dieser Zeitspanne vor mehr als 350.000 Jahren stammen die Faustkeile Schaber und Cleaver aus Quarzit, die in Schwalmtal-Rainrod, Oberaula-Hausen und Schwalmtal-Ziegenhain (Fundstelle „Reutersruh") in Hessen gefunden wurden. An all dieser Fundorten gibt es reiche Quarzitvorkommen, die über Jahrtausende hinweg immer wieder Steinschläger anlockten. Ihr stark vermischter Schlagschutt mit Abfällen aus verschiedenen Zeiten lässt sich nicht leicht bestimmen.

In Schwalmtal-Rainrod hat der Kaufmann und Amateur-Archäologe Hermann Schlemmer aus Alsfeld seit 1975 Steinwerkzeuge zusammengetragen. Die Fundstelle Oberaula-Hausen wurde 1940 erstmals von dem Lehrer und Heimatforscher Adolf Luttrop (1896–1984) aus Steina aufgesucht und von ihm wiederholt bis Ende der 1960er Jahre abgesammelt. Luttrop glückte bereits 1938 die Entdeckung der Fundstelle „Reutersruh" bei Schwalmtal-Ziegenhain am Rand des Schwalmtales. Ihm waren im Auffüllmaterial für einen Weg vor seinem Haus einige Artefakte aufgefallen, die aus einer Sandgrube von der „Reutersruh" stammten. Er machte die

Fundstelle ausfindig und sammelte dort Steinwerkzeuge. 1952 nahm der Marburger Prähistoriker Otto Uenze (1905–1962) an der „Reutersruh" eine Grabung vor. 1966 wurde der Fundplatz durch das „Institut für Ur- und Frühgeschichte" der „Universität Köln" untersucht.

Im Buch „Deutschland in der Steinzeit" (1991) von Ernst Probst wurden die aufsehenerregenden Funde von Frühmenschen aus Bilzingsleben in Thüringen als fast 300.000 Jahre alt bezeichnet und dem Jungacheuléen zugeordnet. Doch inzwischen gelten 27 Schädelreste (darunter Hinterhaupts-, Scheitel-, Stirnbein), ein rechter zahnloser Unterkieferast und neun einzelne Zähne von dieser berühmten Fundstelle als etwa 400.000 Jahre alt und müssen somit dem Altacheuléen zugerechnet werden. Diese Fossilien sollen von mindestens drei Frühmenschen – einer davon ein Jugendlicher – stammen.

Die Entdeckungsgeschichte begann damit, dass der Prähistoriker Dietrich Mania aus Halle/Saale im Oktober 1972 bei einer gezielten Ausgrabung in Bilzingsleben das Hinterhaupt eines Menschen barg. Er erkannte die Bedeutung dieses sensationellen Fundes jedoch erst bei der Präparation am 17. April 1974. Die Frühmenschenreste von Bilzingsleben ähneln auffällig dem weit älteren Schädel des *Homo erectus* aus der Olduvai-Schlucht in Tansania, aber auch den Funden von Vertesszöllös in Ungarn, Choukoutien in China sowie auf Java. Die Funde von Vertesszöllös (vier Zahnfragmente eines Kindes, das Hinterhaupt eines Erwachsenen) wurden 1965 von dem ungarischen Prähistoriker László Vértes (1914–1968) aus Budapest entdeckt. Er gab dem Hinterhauptsbein den Namen *Homo erectus palaeohungaricus*.

In der Höhle von Choukoutien wurden von 1927 bis 1939 Überreste etwa 40 Frühmenschen geborgen, deren Alter zwischen 400.000 und 780.000 Jahren liegen soll. Sie werden als

Prähistoriker Dietrich Mainia,
Entdecker der Fundstelle Bilzingsleben in Thüringen.
Foto: Archiv Friedrich-Schiller-Universität Jena

Lagerleben von Frühmenschen in Bilzingsleben vor etwa 300.000 Jahren.
Zeichnung: Fritz Wendler (1941–1995)
für das Buch „Deutschland in der Steinzeit „1991" von Ernst Probst

Homo erectus pekinensis bezeichnet. Dieser Begriff geht auf den kanadischen Anatomen Davidson Black (1884–1934) zurück, der damals am „Peking Union Medical College" wirkte und in Choukoutien großangelegte Ausgrabungen vornehmen ließ. Der schwedische Anthropologe Birger Bohlin entdeckte 1927 den ersten menschlichen Überrest in Choukoutien, einen Backenzahn, den Black dem *Sinanthropus pekinensis* zurechnete (heute: *Homo erectus pekinensis*). Der chinesischen Anthropologe Pei Wenchung (1904–1982), nach anderer Transliteration auch Pei Wenzhong, fand den ersten Hirnschädel. Danach kamen weitere Skelettreste zum Vorschein. Diese Überreste des Peking-Menschen gingen 1941 in Chingwantao verloren, als es von den Japanern erobert wurde.

Auf Java haben der holländische Militärarzt Eugène Dubois (1858–1940) in den Jahren 1891/1892 sowie der in Deutschland geborene holländische Palâontologe Gustav Heinrich von Koenigswald (1902–1982) Überreste von Frühmenschen entdeckt.

Die Hirnschädelreste von Bilzingsleben lassen erkennen, dass der Frühmensch, von dem sie stammen, einen langgestreckten, flachen Schädel hatte. Auffällig daran sind die niedrige, fliehende Stirn, der mächtige Knochenwulst über den Augen, das abgewinkelte Hinterhaupt, die starke Nackenmuskulatur und die kräftige Kaumuskulatur an den Schädelseiten. Der Prager Anthropologe Emanuel Vlcek (1925–2006) beschrieb 1978 die Schädelreste aus Bilzingsleben als *Homo erectus bilzingslebenensis*. Vielleicht handelt es sich auch bei dem bereits 1818 im Travertin von Bilzingsleben entdeckten Menschenschädel um einen Frühmenschen der Art *Homo erectus*. Leider lässt sich dies nicht mehr nachprüfen, da der 1820 von Ernst Friedrich von Schlotheim (1764–1822) erwähnte Fund verschollen ist. Verloren ging auch ein menschlicher Backenzahn, den der

Heimatforscher Adolf Spengler (1869–1961) aus Sangerhausen
Ende der 1920er Jahre barg.

1986 meldete der Tübinger Anthropologe Alfred Czarnetzki
(1937–2013) einen weiteren Fund des Frühmenschen *Homo
erectus* aus Deutschland: den hinteren Teil eines Schädels aus
einer Kiesgrube in Reilingen bei Schwetzingen in Baden-
Württemberg. Der Fundort liegt im Bereich einer ehemaligen
Schlinge des eiszeitlichen Rheins. Der Schädelrest war 1978
von dem Baggerarbeiter Helmut Dautel aus Reilingen auf dem
Förderband der Kiesgrube entdeckt worden. Er wurde dem
„Staatlichen Museum für Naturkunde Stuttgart" übergeben.
Dort zeigte 1984 der Stuttgarter Paläontologe Karl Dietrich
Adam (1921–2012) dem Anthropologen Czarnetzki die bis
dahin nicht genauer untersuchten Schädelreste und überließ
sie ihm großzügigerweise zur wissenschaftlichen Untersuchung.
Czarnetzki stellte an den Schädelresten am Übergang vom
Hinterhaupt zum Nackenmuskelfeld einen markanten Knick
von etwa 109 Grad fest, der als typisches Merkmal des Früh-
menschen *Homo erectus* gilt. 1991 schlug er für diesen
Frühmenschen erstmals den Namen *Homo erectus reilingensis* vor.
Das hohe geologische Alter dieses Fundes von schätzungsweise
300.000 Jahren wurde jedoch zunächst von dem Stuttgarter
Paläontologen Karl Dietrich Adam und später auch von dem
Berliner Anthropologen Lothar Schott bezweifelt. 2019
schwankten die Altersangaben für den Reilinger Schädelrest
zwischen 125.000 und 385.000 Jahren.
Etwa 440.000 Jahre alt ist – nach der Datierung vulkanischer
Ablagerungen unter der Fundschicht zu schließen – eine
Siedlung von Frühmenschen aus dem Altacheuléen in Kärlich
(Kreis Mayen-Koblenz) in Rheinland-Pfalz. Diese Siedlung
hatte einst inmitten eines nicht mehr aktiven Vulkans gelegen.
Sie befand sich am Ufer eines kleinen Gewässers, das später

Anthropologe Alfred Czarnetzki (1937–2013).
Foto: Dr. Alfred Czarnetzki

austrocknete. In den ehemals feuchten Uferablagerungen barg man neben Resten von Wasserpflanzen auch viele Holzbruchstücke, die vielleicht Teile einer größeren Behausung waren. Gefunden wurden in Kärlich auch große Schaber, Spaltkeile und Faustkeile. Als Rohmaterial hierfür dienten Quarz und Quarzit, wie sie in Schottern des nahen Rheins reichlich vorkommen. Ein 15 Kilogramm schweres Quarzitgeröll verwendete man – nach den Abnutzungsspuren zu schließen – als Amboss. Die Frühmenschen von Kärlich brachten – wie zerschlagene Knochen aus der Siedlungsschicht zeigen – Wildpferde, Wildrinder und Wildschweine zur Strecke. Als bisher bedeutendste Siedlungsspuren aus dem Altacheuléen in Deutschland gelten diejenigen von Bilzingsleben im Wittertal in Thüringen. Sie stammen aus der Zeit vor etwa 400.000 Jahren. Ovale und kreisförmige Grundrisse mit drei bis vier Meter Durchmesser aus angehäuften großen Knochen und Steinen zeugen von Hütten. Holzkohle sowie brandrissige Gerölle und Steinplatten belegen Feuerstellen, die teilweise vor den Behausungen lagen. Es sind die ältesten Feuerspuren in Deutschland. Die Bilzingslebener Siedlung lag an der Uferpartie eines etwa 400 mal 300 Meter großen Sees, in den ein Bach mündete. Dieser Bach hatte vor der Einmündung einen breiten Schwemmfächer hinterlassen. Die Frühmenschen hielten sich offenbar gern auf den trockengefallenen Sandbänken des Schwemmfächers auf und verrichteten dort verschiedene Arbeiten. Ihre Hinterlassenschaften wurden später von dem seinen Lauf verändernden Bach erfasst und einige Meter weit verfrachtet.

Die Ehre, diese aufschlussreiche Siedlung entdeckt zu haben, gebührt dem erwähnten Prähistoriker Mania. Er hatte am 20. August 1969 – damals noch Aspirant am Geologisch-Paläontologischen Institut der Universität Halle/Saale – in einem

Travertinsteinbruch Abfallsplitter aus Feuerstein entdeckt, wie sie bei der Werkzeugherstellung durch Frühmenschen entstehen. Die wahre Bedeutung des Fundortes zeigte sich jedoch erst bei späteren Ausgrabungen. Vor Mania – nämlich 1908 – hatte bereits der Paläontologe Ewald Wüst (1875–1934) aus Halle/Saale in Bilzingsleben Feuersteinwerkzeuge geborgen. Damit waren aber keine weiteren aufsehenerregenden Funde verbunden gewesen.

Die Vielfalt der für die Werkzeugherstellung verwendeten Rohstoffe sowie der geschaffenen Formen spiegelt sich am besten im Fundgut von Bilzingsleben wider. Dort wurden mehr als 140.000 Artefakte aus Feuerstein sowie Tausende anderer Geräte aus Stein, Knochen, Geweih, Elfenbein und Holz geborgen. Die Frühmenschen von Bilzingsleben schlugen mit länglichen Quarzgeröllen so kräftig auf einen Feuerstein, dass davon ein Stück absplitterte und eine scharfe Arbeitskante entstand. Durch gezielte Schläge auf diese Kante stellte man unter anderem sägeartige Schneiden her. Man spricht hierbei von Kantenretusche. Aus Felsgestein formte man mit Hilfe von Schlagsteinen einflächig zurechtgehauene Hackgeräte (Chop-pers) und zweiflächige (Chopping tools) mit mehr oder weniger geraden Schneidekanten. Andere Felsgesteine versah man mit stumpfkegeligen Spitzen. Manche dieser Werkzeuge wiegen mehr als fünf Kilogramm. Einige Gerölle haben auf ebenen Flächen tiefe Narbenfelder, die auf eine Verwendung als Amboss hindeuten. Schaberartige Geräte hat man aus flachen Quarzitabschlägen oder -trümmern geschaffen. Die Steinwerk-zeuge von Bilzingsleben wurden vorzugsweise in der Clacton Technik hergestellt, die man vom englischen Fundort Clacton on-Sea her kennt.

Die Bilzingslebener Frühmenschen schätzten auch die Geweihstange vom Rothirsch als Rohmaterial für Werkzeuge. Sie brachen oder schlugen davon die Kronen sowie die beiden Basis sprossen - oder nur eine davon – ab, bis die jeweilige Geweihstange die Form eines Hiebwerkzeuges erhielt. Die großen Schulterblätter von Wildpferden. Wildrindern oder Nashörnern dienten als Arbeitsunterlagen, auf denen mit Feuersteinmessern das Fleisch von Beutetieren zerteilt wurde. Dies konnte man an den zahlreichen quer verlaufenden dünnen Schnittspuren ablesen. Robustere Beckenschaufel- oder Schulterblattstücke von Elefanten tragen noch tiefere und längere Schnittspuren. Sie könnten Arbeitsunterlagen gewesen sein, auf denen Tierfelle oder andere Materialien mit kräftig aufgedrückten Feuersteinmessern zurechtgeschnitten wurden. Beim Bohren benutzte man Teile von großen Gelenkköpfen mancher Tiere als Unterlagen.

Über die Jagd der Frühmenschen im Altacheuléen geben vor allem die insgesamt zweieinhalb Tonnen Speiseabfälle aus der Siedlung Bilzingsleben Auskunft. Die dort vorgefundenen zerschlagenen Tierknochen stammen vom Europäischen Waldelefanten und Steppenmammut, Wald- und Steppennashorn, Wisent, Wildpferd, Rothirsch, Damhirsch, Biber und Bär. Merklich seltener waren Knochenreste vom Reh, Wildschwein, Fuchs, Dachs, Wolf, Löwen, der Wildkatze und vom Affen. Dies zeigt, dass die Frühmenschen tüchtige Jäger waren, die selbst vor großen und gefährlichen Tieren nicht zurückschreckten.

Unterschiedlich gedeutet werden mehrere Tierknochen mit Ritzlinien. Manche Prähistoriker glauben, diese Ritzlinien seien durch Schneiden von Objekten auf Arbeitsunterlagen entstanden. Andere Experten meinen, die Ritzlinien könnten nicht von einer Nutzung der Knochen als Arbeitsunterlagen herrühren. Auf einem Knochenfragment sind zwei Bündel aus 7 bzw. 14 parallel verlaufenden Linien zu sehen. Eine solche

Museum am Fundplatz Bilzingsleben in Thüringen.
Foto: Metilsteiner / CC-BY-3.0 (via Wikimedia Commons),
lizensiert unter Creative-Commons-Lizenz by-3.0-en,
https://creativecommons.org/licenses/by/3.0/legalcode

Anordnung könne nicht zufällig sein, hieß es. Sie sei bewusst angebracht worden. Als Laie könnte man dagegen halten, dass solche Linienbündel möglich sind, wenn man auf einen Knochen ein längeres Objekt legt und jeweils einen Streifen davon abtrennt.

Bei den Ausgrabungen in Bilzingsleben kam ein gestampftes Pflaster-Halbrund aus Knochen und Geröll zum Vorschein, das vermutlich als Ritualplatz diente. Dort wurden offenbar die Schädel verstorbener Angehöriger zertrümmert und deren Gehirn bei einem rituellen Mahl verzehrt. Schnitt- und Ritzspuren auf einem Hinterhauptsbein von Bilzingsleben könnten von Manipulationen nach dem Tod herrühren.

Autor Ernst Probst.
Foto: Klaus Benz, Fotograf, Mainz-Laubenheim

Der Autor

Ernst Probst, geboren am 20. Januar 1946 in Neunburg vorm
Wald im bayerischen Regierungsbezirk Oberpfalz, ist Journalist
und Wissenschaftsautor. Er arbeitete von 1968 bis 1971 bei
den „Nürnberger Nachrichten", von 1971 bis 1973 in der
Zentralredaktion des „Ring Nordbayerischer Tageszeitungen"
in Bayreuth und von 1973 bis 2001 bei der „Allgemeinen
Zeitung", Mainz. In seiner Freizeit schrieb er Artikel für die
„Frankfurter Allgemeine Zeitung", „Süddeutsche Zeitung",
„Die Welt", „Frankfurter Rundschau", „Neue Zürcher Zei-
tung", „Tages-Anzeiger", Zürich, „Salzburger Nachrichten",
„Die Zeit", „Rheinischer Merkur", „Deutsches Allgemeines
Sonntagsblatt", „bild der wissenschaft", „kosmos", „Deutsche
Presse-Agentur" (dpa), „Associated Press" (AP) und den
„Deutschen Forschungsdienst" (df). Aus seiner Feder stammen
die Bücher „Deutschland in der Urzeit" (1986), „Deutschland
in der Steinzeit" (1991), „Rekorde der Urzeit" (1992),
„Dinosaurier in Deutschland" (1993 zusammen mit Raymund
Windolf) und „Deutschland in der Bronzezeit" (1996). Von
2001 bis 2006 betätigte sich Ernst Probst als Buchverleger sowie
zeitweise als internationaler Fossilienhändler und Antiquitäten-
händler. Insgesamt veröffentlichte er mehr als 300 Bücher,
Taschenbücher, Broschüren und über 300 E-Books.

Bücher von Ernst Probst

(Auswahl)

Als Mainz im Meer lag
Als Mainz noch nicht am Rhein lag
Der Europäische Jaguar
Der Mosbacher Löwe. Die riesige Raubkatze aus
Wiesbaden
Der Rhein-Elefant. Das Schreckenstier von Eppelsheim
Der Ur-Rhein. Rheinhessen vor zehn Millionen Jahren
Deutschland im Eiszeitalter
Deutschland in der Frühbronzezeit
Deutschland in der Mittelbronzezeit
Deutschland in der Spätbronzezeit
Die Aunjetitzer Kultur in Deutschland
Die Straubinger Kultur in Deutschland
Die Singener Gruppe
Die Arbon-Kultur in Deutschland
Die Ries-Gruppe und die Neckar-Gruppe
Die Adlerberg-Kultur
Der Sögel-Wohlde-Kreis
Die nordische Bronzezeit in Deutschland
Die Hügelgräber-Kultur in Deutschland
Die ältere Bronzezeit in Nordrhein-Westfalen
Die Bronzezeit in der Lüneburger Heide
Die Stader Gruppe
Die Oldenburg-emsländische Gruppe
Die Urnenfelder-Kultur in Deutschland
Die ältere Niederrheinische Grabhügel-Kultur

Österreich in der Spätbronzezeit
Raub-Dinosaurier von A bis Z. Mit Zeichnungen von
Dmitry Bogdanav und Nobu Tamura
Rekorde der Urmenschen. Erfindungen, Kunst und
Religion
Rekorde der Urzeit. Landschaften, Pflanzen und Tiere
Säbelzahnkatzen. Von Machairodus bis zu Smilodon
Säbelzahntiger am Ur-Rhein. Machairodus und
Paramachairodus
Was ist ein Menhir? Interview mit dem Mainzer
Archäologen Dr. Detert Zylmann
Wer ist der kleinste Dinosaurier? Interviews mit dem
Wissenschaftsautor Ernst Probst
Wer war der Stammvater der Insekten? Interview mit dem
Stuttgarter Biologen und Paläontologen Dr. Günther Bechly
6000 Jahre Kastel. Von der Steinzeit bis zum 21.
Jahrhundert
5000 Jahre Kostheim. Von der Steinzeit bis zum 21.
Jahrhundert
Kastel in der Vorzeit. Von der Jungsteinzeit bis Christi
Geburt
Kostheim in der Vorzeit. Von der Jungsteinzeit bis Christi
Geburt
Wiesbaden in der Steinzeit
Anno 1.000.000. Deutschland in der älteren Altsteinzeit
Das Protoacheuléen. Eine Kulturstufe der Altsteinzeit vor
etwa 1,2 Millionen bis 600.000 Jahren
Das Altacheuléen. Eine Kulturstufe der Altsteinzeit vor etwa
600.000 bis 350.000 Jahren
Das Jungacheuléen. Eine Kulturstufe der Altsteinzeit vor etwa
350.000 bis 150.000 Jahren

Das Spätacheuléen. Eine Kulturstufe der Altsteinzeit vor
etwa 150.000 bis 100.000 Jahren
Die Lanze von Lehringen. Der Jahrhundertfund aus der
Altsteinzeit
Das Moustérien – Die große Zeit der Neanderthaler
Das Aurignacien. Eine Kulturstufe der Altsteinzeit vor
etwa 40.000 bis 31.000 Jahren
Das Gravettien. Eine Kulturstufe der Altsteinzeit vor etwa
35.000 bis 24.000 Jahren
Das Magdalénien. Die Blütezeit der Rentierjäger vor etwa
18.000 bis 14.000 Jahren
Die Hamburger Kultur. Eine Kulturstufe der Altsteinzeit
vor etwa 15.700 bis 14.200 Jahren
Die Federmesser-Gruppen. Eine Kulturstufe der
Altsteinzeit vor etwa 14.000 bis 12.800 Jahren
Das Steinzeit-Grab von Bonn-Oberkassel. Ein rätselhafter
Fund aus der Zeit der Federmesser-Gruppen
Die Ahrensburger Kultur. Eine Kulturstufe der Altsteinzeit
vor etwa 12.700 bis 11.650 Jahren
Die Altsteinzeit in Österreich., Jäger und Sammler vor
250.000 bis 10.000 Jahren
Das Jungacheuléen in Österreich
Das Moustérien in Österreich
Das Aurignacien in Österreich
Das Gravettien in Österreich
Das Magdalénien in Österreich
Das Magdalénien in der Schweiz
Die Mittelsteinzeit
Deutschland in der Mittelsteinzeit
Die Mittelsteinzeit in Baden-Württemberg
Die Mittelsteinzeit in Bayern

Die Mittelsteinzeit in Rheinland-Pfalz
Die Mittelsteinzeit in Hessen
Die Mittelsteinzeit in Nordrhein-Westfalen
Die Mittelsteinzeit in Niedersachsen
Die Mittelsteinzeit in Thüringen, Sachsen-Anhalt, Sachsen
und im südlichen Brandenburg
Die Mittelsteinzeit in Schleswig-Holstein, Mecklenburg und
im nördlichen Brandenburg
Die ersten Bauern in Deutschland. Die
Linienbandkeramische Kultur (5.500 bis 4.900 v. Chr.)
Die Ertebölle-Ellerbek-Kultur. Eine Kultur der
Jungsteinzeit vor etwa 5.000 bis 4.300 v. Chr.
Die Stichbandkeramik Eine Kultur der Jungsteinzeit vor
etwa 4.900 bis 4.500 v. Chr.
Die Oberlauterbacher Gruppe. Eine Kulturstufe der
Jungsteinzeit vor etwa 4.900 bis 4.500 v. Chr.
Die Hinkelstein-Gruppe. Eine Kulturstufe der Jungsteinzeit
vor etwa 4.900 bis 4.800 v. Chr.
Die Rössener Kultur. Eine Kultur der Jungsteinzeit vor
etwa 4.600 bis 4.300 v. Chr.
Die Kupferzeit. Wie die ersten Metalle in Mitteleuropa
bekannt wurden
Die Michelsberger Kultur. Eine Kultur der Jungsteinzeit vor
etwa 4.300 bis 3.500 v. Chr.
Das Rätsel der Großsteingräber. Die nordwestdeutsche
Trichterbecher-Kultur vor etwa 4.300 bis 3.000 v. Chr.
Die Baalberger Kultur. Eine Kultur der Jungsteinzeit vor
etwa 4.300 bis 3.700 v. Chr.
Pfahlbauten in Süddeutschland. Dörfer der Jungsteinzeit
und Bronzezeit an Seen, Mooren und Flüssen
Die Altheimer Kultur / Die Pollinger Gruppe. Zwei

Kulturen der Jungsteinzeit vor etwa 3.900 bis 3.500 v. Chr.
Die Salzmünder Kultur. Eine Kultur der Jungsteinzeit vor
etwa 3.700 bis 3.200 v. Chr.
Die Chamer Gruppe. Eine Kulturstufe der Jungsteinzeit vor
etwa 3.500 bis 2.800 v. Chr.
Die Wartberg-Kultur. Eine Kultur der Jungsteinzeit vor
etwa 3.500 bis 2.800 v. Chr.
Die Walternienburg-Bernburger Kultur. Eine Kultur der
Jungsteinzeit vor etwa 3.200 bis 2.800 v. Chr.
Die Kugelamphoren-Kultur. Eine Kultur der Jungsteinzeit
vor etwa 3.100 bis 2.700 v. Chr.
Die Schnurkeramischen Kulturen. Kulturen der
Jungsteinzeit von etwa 2.800 bis 2.400 v. Chr.
Die Einzelgrab-Kultur. Eine Kultur der Jungsteinzeit vor
etwa 2.800 bis 2.300 v. Chr.
Die Schönfelder Kultur. Eine Kultur der Jungsteinzeit vor
etwa 2.800 bis 2.200 v. Chr.
Die Glockenbecher-Kultur. Eine Kultur der Jungsteinzeit
vor etwa 2.500 bis 2.200 v. Chr.
Die ersten Bauern in Österreich. Die Linienbandkeramische
Kultur vor etwa 5.500 bis 4.900 v. Chr.
Die Lengyel-Kultur in Österreich. Eine Kultur der
Jungsteinzeit vor etwa 4.900 bis 4.400 v. Chr.
Die Mondsee-Gruppe. Eine Kulturstufe der Jungsteinzeit
vor etwa 3.700 bis 2.900 v. Chr.
Die Badener Kultur in Österreich. Eine Kultur der
Jungsteinzeit vor etwa 3.600 bis 2.900 v. Chr.
Die ersten Pfahlbauten in der Schweiz. Die Anfänge der
Pfahlbauforschung und die Egolzwiler Kultur
Die Cortaillod-Kultur. Eine Kultur der Jungsteinzeit vor
etwa 4.000 bis 3.500 v. Chr.

Die Pfyner Kultur in der Schweiz. Eine Kultur der
Jungsteinzeit vor etwa 4.000 bis 3.500 v. Chr.
Die Horgener Kultur in der Schweiz. Eine Kultur der
Jungsteinzeit vor etwa 3.500 bis 2.800 v. Chr.
Die Schnurkeramiker in der Schweiz. Eine Kultur der
Jungsteinzeit vor etwa 2.800 bis 2.400 v. Chr.